1分钟儿童小百科

户外探险小百科

叁川上 编著

江苏凤凰科学技术出版社 · 南京

图书在版编目（CIP）数据

户外探险小百科 / 叁川上编著 . — 南京：江苏凤凰科学技术出版社, 2024.7

（1 分钟儿童小百科）

ISBN 978-7-5713-4273-9

Ⅰ . ①户… Ⅱ . ①叁… Ⅲ . ①探险—儿童读物②野外—生存—儿童读物 Ⅳ . ①N8-49②G895-49

中国国家版本馆 CIP 数据核字 (2024) 第 036611 号

1分钟儿童小百科

户外探险小百科

编　　著　叁川上
责任编辑　洪　勇
责任校对　仲　敏
责任监制　方　晨

出版发行　江苏凤凰科学技术出版社
出版社地址　南京市湖南路 1 号 A 楼，邮编：210009
出版社网址　http://www.pspress.cn
印　　刷　北京博海升彩色印刷有限公司

开　　本　710 mm × 1 000 mm　1/24
印　　张　5.67
插　　页　4
字　　数　87 000
版　　次　2024年7月第1版
印　　次　2024年7月第1次印刷

标准书号　ISBN 978-7-5713-4273-9
定　　价　39.80元（精）

前言

小朋友们，你们参加过户外探险吗？户外探险不仅能让我们近距离接触大自然，还能使我们的身心得到放松。那么，户外探险有多少种玩法呢？来一场露营，在帐篷内外感受自然的呼吸；尝试一次徒步，在山野之中描摹大地的轮廓；选定一座山峰，在攀登途中不断地挑战自我；静坐水边，看鱼儿摆尾上钩；深入洞穴，观岁月铸造的美景……在野外，投入自然的怀抱，我们能够获得书本上没有的知识和乐趣。

当然，我们还要掌握关于户外探险的安全知识，通过阅读《户外探险小百科》，相信你能为自己的户外探险之旅做好准备。小朋友们，让我们一起出发吧！

目录

去探险吧

露营计划

徒步旅行

大山，我们来了

观海之旅

钓鱼

洞穴探险

qù tàn xiǎn ba

去探险吧

zài píng shí, wǒ men kě néng zhǐ kàn dào zì jǐ zhōu
在平时，我们可能只看到自己周
wéi de jǐng sè, dàn shì tōng guò tàn xiǎn, wǒ men kě yǐ kàn
围的景色，但是通过探险，我们可以看
dào gèng guǎng kuò de shì jiè, gèng shēn rù de liǎo jiě dà zì
到更广阔的世界，更深入地了解大自
rán. zài tàn xiǎn zhōng, wǒ men kě néng huì yù dào xǔ duō kùn
然。在探险中，我们可能会遇到许多困
nan, dàn shì zhǐ yào yǒng gǎn de miàn duì, jiān chí bú xiè de
难，但是只要勇敢地面对，坚持不懈地
tàn suǒ, jiù néng kè fú kùn nan, biàn de gèng jiā yǒng gǎn hé
探索，就能克服困难，变得更加勇敢和
jiān rèn. dāng rán, zài tàn xiǎn shí wǒ men yě yào zūn shǒu guī
坚韧。当然，在探险时我们也要遵守规
zé, zhù yì zì wǒ bǎo hù, bì miǎn fā shēng yì wài. ràng
则，注意自我保护，避免发生意外。让
wǒ men yì qǐ qù tàn xiǎn ba!
我们一起去探险吧！

shén mì de zì rán
神秘的自然

tài yáng cóng dōng biān shēng qǐ，zhào zài shēn shàng nuǎn yáng yáng de。wū yún piāo guò lái，tiān kōng yí xià zi yòu biàn de yīn chén。yǔ shuǐ huā huā luò xià，zhí wù zhāng dà “zuǐ ba” jìn qíng de hē shuǐ …… chūn tiān shí，wàn wù chén jìn zài nóng yù de huā xiāng lǐ；xià tiān de cǎo cóng zhōng，xiǎo chóng men jù zài yì qǐ zhǔn bèi “yǎn chàng huì”；dào le qiū tiān，yè zi biàn huáng piāo luò，gēn “shù mā ma” zuò zuì hòu de gào bié；dōng tiān，dòng zhí wù zài jìng mò zhōng jī xù néng liàng，děng dài xià yí gè chūn tiān …… zì rán zhēn shì shén mì yòu měi lì！

太阳从东边升起，照在身上暖洋洋的。乌云飘过来，天空一下子又变得阴沉。雨水哗哗落下，植物张大“嘴巴”尽情地喝水……春天时，万物沉浸在浓郁的花香里；夏天的草丛中，小虫们聚在一起准备“演唱会”；到了秋天，叶子变黄飘落，跟“树妈妈”做最后的告别；冬天，动植物在静默中积蓄能量，等待下一个春天……自然真是神秘又美丽！

▲蝉

▲蝈蝈

小知识

　　蜿蜒起伏的道路，拂过脸颊的清风，公园里的鸟兽虫鸣，年复一年的季节更替……这些都是大自然的脉动，值得我们用心去感受。

美丽的祖国

我们美丽的祖国位于北半球的亚洲东部，太平洋西岸。祖国幅员辽阔，地形多变，气候多样，资源丰富，生物繁多。世界第一高峰珠穆朗玛峰屹立在有着“世界屋脊”之称的青藏高原上；四川盆地里，生活着可爱的“国宝”大熊猫；数条大江、大河绵延千里汇入海洋，滋养着土地，孕育了中华文明……祖国大地上有太多美景等待我们去探索！

▲大熊猫

▲长江

小知识

我国地域辽阔，冬季南北温差大，同一时间，北方的人们在色彩缤纷的冰灯展中游玩，南方的人们在百花争妍的花市中漫步。

què dìng fāng xiàng de hǎo bāng shou
确定方向的“好帮手”

dì tú shì wǒ men tàn suǒ dà zì rán de hǎo bāng shou
地图是我们探索大自然的“好帮手”。
tōng guò dì tú wǒ men néng gòu què dìng zì jǐ zài nǎ lǐ mù dì
通过地图，我们能够确定自己在哪里，目的
dì zài nǎ lǐ bìng yǐ cǐ lái guī huà lù xiàn xiàn zài de dì tú
地在哪里，并以此来规划路线。现在的地图
fēi cháng wán shàn néng gòu qīng xī zhǔn què de wèi wǒ men zhǐ míng
非常完善，能够清晰、准确地为我们指明
qián jìn de dào lù dì tú fēn wéi xǔ duō zhǒng lèi kě yǐ chuán
前进的道路。地图分为许多种类，可以传
dá bù tóng de xìn xī cháng jiàn de yǒu dì shì tú dì xíng tú
达不同的信息，常见的有地势图、地形图、
xíng zhèng qū huà tú jiāo tōng xiàn lù tú děng bié wàng le dì qiú
行政区划图、交通线路图等。别忘了地球
yí yě shì yì zhǒng tè shū de dì tú
仪也是一种特殊的地图。

小知识

卫星地图是借助卫星实时拍摄的真实的地理样貌所绘制的地图，有更高的精准度和更强的时效性。我国自主建设运行的北斗卫星导航系统正在为我们的生活提供定位、导航、授时等服务。

好身体，伴我行

进行户外探险时，我们要面对复杂的环境和多变的情况，想要尽情探索自然，除了具备相应的知识和探险的勇气，健康的身体也是必不可少的。为了拥有强健的体魄，我们需要时常进行体育锻炼。体育锻炼能够帮助我们增强心肺功能，促进肌肉与骨骼生长，提高身体机能，增强免疫力，从而使身体更好地适应不断变化的外界环境。

小知识

体育锻炼除了带来生理上的益处，还能够调节情绪，缓解疲劳，陶冶情操。另外，在锻炼中所养成的坚韧品格对我们的探险也大有裨益。

zuò hǎo xíng chéng guī huà
做好行程规划

zài wǒ men dǎ kāi jiā mén kāi shǐ tàn xiǎn lǚ chéng zhī qián
在我们打开家门开始探险旅程之前，
bì xū yào zuò hǎo xíng chéng guī huà guī huà shí qǐng sī kǎo zhè
必须要做好行程规划。规划时，请思考这
xiē wèn tí hé shí chū fā cóng nǎ lǐ chū fā mù dì dì zài
些问题：何时出发？从哪里出发？目的地在
nǎ lǐ wǒ de huǒ bàn dōu yǒu shuí chéng zuò nǎ zhǒng jiāo tōng gōng
哪里？我的伙伴都有谁？乘坐哪种交通工
jù tú zhōng yào hào fèi duō cháng shí jiān hé shí fǎn chéng zài
具？途中要耗费多长时间？何时返程？在
tàn xiǎn zhōng yǒu shén me huó dòng ān pái tú zhōng de cān shí huó
探险中有什么活动安排？途中的餐食、活
dòng yǐ jí xiū xi shí jiān rú hé ān pái lǐ shùn bìng jiě jué zhè xiē
动以及休息时间如何安排？理顺并解决这些
wèn tí wǒ men de lǚ chéng huì gèng jiā cóng róng
问题，我们的旅程会更加从容。

小知识

不妨准备一个旅行专用笔记本，出发前在上面列好为探险所做的准备，旅途中随时记录遇见的趣事，旅行结束后贴上照片并写下总结，做成自己独一无二的“旅行手册”。

必不可少的装备

针对大部分的探险旅程，我们需要携带的东西有：水和食物，用来随时补充水分和能量；备用衣物，以防温度变化；地图、指南针或导航仪等，用来明确自身方位及路线；绳索、手帕、手电筒等工具；简单的急救用品，如酒精棉、碘伏棉签、创可贴等。以上这些东西可以装进一个双肩包里随身携带。请注意，旅途中涉及用电、用火及用刀时，一定要请大人帮忙！

▲指南针

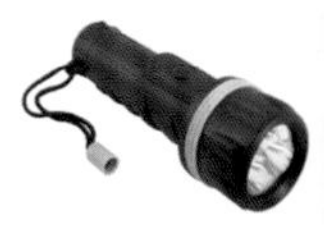
▲手电筒

小知识

双肩背包能够把重力分散到我们的肩部、背部、腰部和胯部，为我们减轻压力并提供较强的舒适感。此外，双肩背包还能解放我们的双手，使行动更加方便。

这些装备也别忘

根据目的地、行程时间及活动安排的不同，我们还需因地、因时制宜，携带一些其他装备。例如，露营时，需要携带帐篷、睡袋、厨具等；钓鱼时，需要准备鱼竿、鱼钩、鱼饵等；赶海时，可以带上铲子和小桶……此外，带上望远镜能使我们更清楚地查探前路的情况以及欣赏远处的风景；带上照相机能帮助我们记录下旅程中的美景和旅行者的笑容。

▲照相机

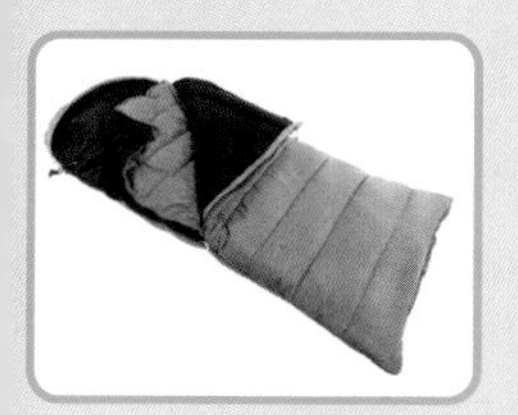

▲睡袋

▲手套

小知识

除了保暖和防风外，手套还能保护我们的手免受伤害。在需要紧握绳索时，可以戴上专业手套增加摩擦力，防止手心出汗导致滑落，从而大大增加安全性。

guān zhù tiān qì yù bào
关注天气预报

tiān qì zhuàng kuàng huì jí dà de yǐng xiǎng wǒ men tàn xiǎn de tǐ
天气状况会极大地影响我们探险的体

yàn shì xiǎng yí xià ruò shì dēng shān shí yù dào léi yǔ qù hǎi
验。试想一下，若是登山时遇到雷雨，去海

biān wán shuǎ shí yù dào tái fēng lǚ chéng de kuài lè gǎn hé ān quán
边玩耍时遇到台风，旅程的快乐感和安全

gǎn yí dìng huì dà dǎ zhé kòu qì xiàng xué jiā men lì yòng gè lèi qì
感一定会大打折扣。气象学家们利用各类气

xiàng yí qì kě yǐ bǐ jiào jīng què de yù cè tiān qì bìng tōng guò diàn
象仪器可以比较精确地预测天气，并通过电

shì hù lián wǎng děng méi jiè shí shí chuán bō gěi wǒ men chū xíng
视、互联网等媒介实时传播给我们。出行

qián wǒ men xū yào guān zhù chū fā dì tú jīng dì jí mù dì dì
前，我们需要关注出发地、途经地及目的地

de wēn dù fēng lì yǔ xuě zhuàng kuàng děng yǐ tiān qì yù bào
的温度、风力、雨雪状况等，以天气预报

wéi cān kǎo gèng hǎo de guī huà xíng chéng
为参考，更好地规划行程。

小知识

你见过这样的气球吗？它们叫作气象气球，通过把测算风力、温度、湿度等气象要素的仪器带上天空，获得更准确的数据，来为我们预测天气状况。

▲气象气球

读懂自然的“信号”

即使是采用最先进的技术预测天气，也不可能完全准确。在探险过程中，我们可能遭遇意料之外的恶劣天气，需要根据自然的变化即时做出反应。因此，读懂自然的信号十分重要。许多气象现象以及生物行为都能作为天气突变的提示。例如，乌云聚集，山谷之中云雾上升，风速变大，蚂蚁搬家，燕子低飞等现象，都有可能预示着大雨即将到来。

▲蚂蚁搬家

▲燕子低飞

小知识

在户外遇到打雷、闪电时，切记不可在树下躲避，避免被雷电击中。衣服被淋湿后要尽快换上干衣服，避免着凉甚至失温。

hé dà ren zài yì qǐ

和大人在一起

zài tàn xiǎn guò chéng zhōng ān quán yǒng yuǎn shì dì yī wèi

在探险过程中，安全永远是第一位

de zài rèn hé lǚ tú zhōng qián wǎng rèn hé dì fang xiǎo péng you

的。在任何旅途中，前往任何地方，小朋友

dōu xū yào zài zhì shǎo yí gè chéng nián rén de péi tóng xià jìn xíng huó

都需要在至少一个成年人的陪同下进行活

dòng zhè shì yīn wèi chéng nián rén bǐ xiǎo péng you qiáng zhuàng yǒu gèng

动。这是因为成年人比小朋友强壮，有更

duō de huó dòng jīng yàn hé gèng qiáng de fǎn yìng néng lì néng gòu duì

多的活动经验和更强的反应能力，能够对

tū fā shì jiàn zuò chū jí shí zhǔn què de pàn duàn bìng cǎi qǔ xiāng

突发事件做出即时、准确的判断，并采取相

yìng de xíng dòng lái bǎo zhàng xiǎo péng you de ān quán chú cǐ zhī wài

应的行动来保障小朋友的安全。除此之外，

dà ren men hái yǒu gèng fēng fù de shēng huó jīng yàn hé zhī shi néng

大人们还有更丰富的生活经验和知识，能

gòu bāng zhù xiǎo péng you chǔ lǐ lǚ tú zhōng de rèn hé wèn tí

够帮助小朋友处理旅途中的任何问题。

小知识

在户外探险时，我们要有团队协作精神。因为团队精神能够使团队成员齐心协力，朝着共同的目标努力，产生 1+1>2 的效果。

提前规避风险

在户外探险活动中，必须提前规避风险。例如，露营时不要进入没有明显路标的林地；徒步时沿途做好标记，防止迷路；爬山时不远离团队单独行动；赶海时注意脚下的贝壳碎片，谨防受伤；在水边钓鱼时要穿救生衣；探洞时注意提前测试洞穴的安全性。此外，不随便触碰甚至食用野生动植物；不在危险路段停留；注意用电、用火、用刀安全等。

▲救生衣

▲禁止游泳警示牌

小知识

在水边活动时，最好穿上救生衣。救生衣通常由高级防水材料制成，填充泡沫等浮力材料或空气，使落水者的头部能够浮在水面上，避免溺水窒息。

扫一扫 听一听

露营计划

广阔的自然正在向我们招手，一起去露营吧！和小伙伴们手挽着手在林间散步，细看满眼青翠，静听鸟儿歌唱；住在亲手搭起的帐篷里，白天看流动的白云，夜晚观闪烁的星空；蹲下来，仔细观察一朵蘑菇的结构；感受一阵微风拂过脸颊，追逐一只蝴蝶进入花丛……露营是如此惬意，快和家人、朋友们一起去感受大自然的美好吧！

xuǎn zé ān quán de yíng dì
选择安全的营地

xuǎn zé hé shì de zhā yíng dì diǎn shì wǒ men lù yíng jì huà
选择合适的扎营地点是我们露营计划
de dì yī bù shǒu xiān yào bì kāi zhè xiē dì fang xuán yá zhī
的第一步。首先，要避开这些地方：悬崖之
xià děng kě néng fā shēng luò shí tā fāng de dì fang gān hé de
下等可能发生落石、塌方的地方；干涸的
hé chuáng àn biān děng róng yì bèi zhǎng shuǐ yān mò de dì fang sǐ
河床、岸边等容易被涨水淹没的地方；死
shuǐ táng biān jí shēn cǎo chù děng wén chóng jù jí de dì fang děng qí
水塘边及深草处等蚊虫聚集的地方等。其
cì yíng dì yào xuǎn zài bèi fēng bèi yīn chù zuì hǎo kào jìn shuǐ
次，营地要选在背风、背阴处，最好靠近水
yuán dì miàn jiān gù píng tǎn qiě pái shuǐ xìng liáng hǎo de dì fang
源，地面坚固、平坦且排水性良好的地方。
zuì hòu yào xuǎn zé zài kě nài shòu dì miàn zhā yíng bǎ duì zhōu wéi
最后，要选择在可耐受地面扎营，把对周围
huán jìng de yǐng xiǎng jiàng dào zuì xiǎo
环境的影响降到最小。

小知识

露营时可以在整个营地的周围洒上一圈草木灰、石灰、硫磺粉等，这样能够有效防止蚊虫、蛇鼠的侵扰。不过要注意环保哦！

dā jiàn lín shí zhù suǒ
搭建临时住所

xuǎn hǎo le yíng dì jiē zhe dā jiàn wǒ men de lín shí zhù
选好了营地，接着搭建我们的临时住
suǒ zhàng peng yì bān zhàng peng kě fēn wéi sān gè bù fen
所——帐篷。一般帐篷可分为三个部分：
mù bù zhī zhù hé diàn zi zhī zhù yòng lái zhī chēng zhěng gè zhàng
幕布、支柱和垫子。支柱用来支撑整个帐
peng dā chū fáng wū de chú xíng zhàng peng mù bù zé zuò
篷，搭出“房屋”的雏形。帐篷幕布则作
wéi zhè ge fáng wū de dǐng hé qiáng tōng cháng fēn wéi nèi
为这个房屋的“顶”和“墙”，通常分为内
zhàng hé wài zhàng yòng lái tí gōng bì yào bǎo hù diàn zi jiù shì
帐和外帐，用来提供必要保护。垫子就是
fáng wū de dì miàn hé chuáng
房屋的“地面”和“床”
le fù zé zǔ dǎng dì miàn de hán
了，负责阻挡地面的寒
qì hé cháo qì hǎo ràng wǒ men ān
气和潮气，好让我们安
wěn rù shuì
稳入睡。

外帐
内帐
垫子
支柱

小知识

若是在雨季或是多雨地区露营，为防止帐内积水，我们需要紧贴帐篷外沿，在四周挖一条深约 10 厘米的排水沟，使外帐流下的水顺利入沟排走。

发现植物王国

一切准备就绪，尽情享受露营的快乐吧！在露营时，经常可以看到很多绿色植物环绕在我们身边。植物通常有根、茎、叶、花朵、果实以及种子几个部分。根和茎是植物的“骨架”，能固定、支撑植物，并吸收、运输水分和养分；叶子用来“吃饭”，也就是吸收阳光中的能量，同时释放氧气；花朵、果实和种子是植物的生殖器官，用来繁殖后代。

小知识

夏季露营时，我们可能会在草丛里发现一个个可爱的白色小绒球，这是蒲公英的果实，这些白色冠毛下藏着种子，风一吹，这些种子便飘到新的地方孕育新生命。

▼蒲公英的果实

探索昆虫世界

在露营时，我们还会发现很多有趣的昆虫。我们可能会发现蚂蚁总是组队出行，并且它们分工建造能够满足存储、育婴甚至是战备需求的多功能蚁穴；我们还会看到软软糯糯的毛毛虫，它们很可能是蝴蝶的幼虫，要经历卵、幼虫、蛹三种形态，随后才能破茧成蝶；我们还可以看见蜜蜂，在盛开的花朵上劳作……昆虫的世界是不是很有趣呢？

小知识

虫子们大都比较小，若想仔细观察它们，则需要用到我们的“好帮手”——放大镜。放大镜利用凸透镜的原理，能够把观察的物体放大，使我们看得更清楚。

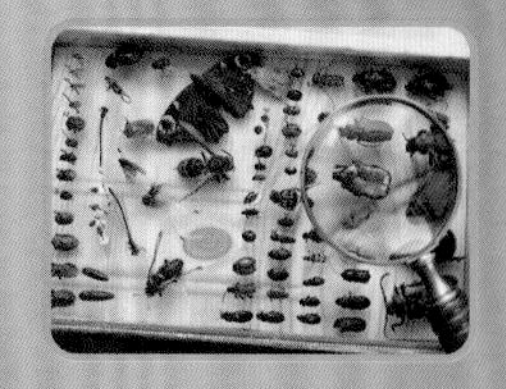

走进蘑菇家族

露营时，别忘了观察草丛，我们可能会发现蘑菇。蘑菇常常长在温暖潮湿的树林下和草丛里，干燥且土壤贫瘠的地方是很难找到蘑菇的。蘑菇属于真菌类，它们不会产生种子，只能通过产生生殖细胞——孢子来繁殖，孢子落到土壤中，会产生菌丝，吸收养分和水分，然后生长为子实体，也就是小蘑菇，这时还不容易被人发觉，等长大后就是我们平常看见的蘑菇。

小知识

雨后的树林中，许许多多色彩鲜艳的蘑菇会从地下钻出来，这些蘑菇虽然美丽，却有可能含有剧毒。所以千万不能随意采摘、食用野生蘑菇！

参加青蛙“派对”

露营时，有机会可以观察池塘边，我们可能会听到青蛙在“合唱”。青蛙“合唱”是求偶或主张领地的表现。实际上，单只青蛙在鸣叫时会和其他青蛙错开时间，以使自己的声音不被淹没，从而能主张自己的“地盘”。但由于一只青蛙能在短短 1 秒钟内发声 3 次，多只青蛙的鸣叫声混合后便会此起彼伏，所以听起来它们似乎在“合唱”。

▲正在“唱歌”的雄蛙

小知识

雄蛙有鸣囊，可以发出鸣叫声。雄蛙鸣叫时两个鸣囊会鼓起来，也就是它们头部的两个“大泡泡”。

yòng huǒ yào xiǎo xīn

用火要小心

露营时，大家围着篝火，吃着东西，唱着歌，多么惬意！然而，篝火可能不环保甚至存在安全隐患。篝火燃烧需要耗费大量的树枝、枯叶等自然资源，造成自然环境中的能量浪费；若用火时疏忽大意，火堆周围的植物也可能受到熏烤，甚至丧失生命；离开时，若是火堆没有完全熄灭，还有可能蔓延成山火，引发严重的后果。

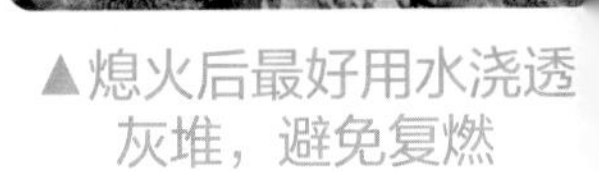
▲熄火后最好用水浇透灰堆，避免复燃

小知识

户外露营时尽量使用炉具代替篝火烹饪食物，并且一定要选择允许生火的地方，在大人的陪同下规范操作，结束时也要确保余火完全熄灭后再离开。

垃圾不留痕

我们在享受户外活动带给我们快乐的时候，也要注意不要给大自然制造垃圾。我们携带的包装袋或是食物残渣若是随意乱丢，不仅会破坏赏心悦目的景观，还会对土壤、水源、生物等造成伤害。我们在出行前应尽量精简食品、用品的塑料包装；活动时注意收集废弃物，不随手乱丢；把垃圾装好及时带离，抵达垃圾分类点再丢弃。

▲垃圾处理厂

小知识

我们在收集垃圾时要做好垃圾分类，将可回收利用的垃圾如纸质包装盒、塑料瓶等放在一起，将不可回收利用的垃圾如果皮、果壳等放在一起。

扫一扫 听一听

徒步旅行

徒步旅行，顾名思义是不借助其他交通工具，只用我们的双脚完成旅行。徒步不仅仅是下肢运动，还能够锻炼全身乃至大脑。徒步技能可以应用于多种地形，如山地、丘陵、平原等，这些地方都可以徒步。除了健壮的体魄，徒步者还必须掌握相关的野外生存知识和技能，才能应对千变万化的户外情况，充分享受旅程。

利用自然的“帮助”

我们需要在出发前准备好地图、卫星定位仪以及指南针等工具。然而，工具并非万无一失：地图在下雨天可能被淋湿；偏远的地方可能无法接收卫星信号；磁场会干扰指南针的准确性等。若是遇上这些突发情况，可以利用自然现象找到正确的方向，比如太阳总是自东向西移动；在北半球，树木朝南倾斜生长；顺着流动水源往往能找到人类居住区……

小知识
北极星指示着北方。在夜空中，我们可以通过北斗七星勺口“天璇”和“天枢”两颗星星的连线，朝开口方向，延长约五倍找到北极星。
天枢
天璇

绳子用处多

绳子多种多样，用途也很广泛，日常生活中时常可以见到它们的身影。绳子也是徒步必备工具之一。徒步时，背包上的挂绳可以用来捆绑、固定物品；保护绳可以系在自己或是同伴身上确保行路安全；绳子还能帮助我们省力攀登。如果意外受伤，绳子还能用于止血、固定；遇到河流或是山涧时，绳子甚至可以充当桥索，帮助我们跨越障碍。

小知识

我们可以通过运用各类绳结，让绳子发挥更大的作用。例如，床单结能将两段短绳连接成为一根长绳，八字结能在绳子末端增加重量，以便于投掷等。

做好防晒措施

户外徒步时，若我们的皮肤受到长时间的暴晒，就可能出现不同程度的损伤，严重时还会发炎灼痛，甚至影响身体健康。

因此，我们要做好防晒措施。可以用帽子、太阳镜、防晒衣或遮阳伞等遮住裸露的皮肤，避免太阳光的直接照射；也可以把防晒霜均匀地涂抹在皮肤上，起到隔离紫外线的作用。

小知识

紫外线是一种看不见的光，也是导致皮肤被晒黑、晒伤的主要原因之一，但紫外线也能把食物和人体皮肤组织中的维生素转化为促进生长发育的钙和磷，所以适当晒晒太阳有助于长高哟！

与动物保持距离

在户外探险中，我们可能会遇见一些动物，如大尾巴的松鼠、羽毛鲜艳的鸟类、美丽的狐狸……虽然动物很可爱，但是我们要和它们保持距离，不要和它们亲密接触，比如近距离拍照、投喂等，这些都是危险的行为。此外，如果突然遇到凶猛的动物，我们应该迅速调整心态，保持冷静，时刻观察情况并想办法寻求专业人士的帮助。

小知识

怀揣一颗尊重的心，与野生动物保持一定的距离，途中“打照面”时，可以放慢脚步，让动物从容离开，做到不投喂、不接触、不打扰。

注意脚下留情

看到遍地的小草，你可能会想到：“野火烧不尽，春风吹又生。”生命力如此旺盛的小草，即使踩上一两下，又有什么关系呢？然而，当野草地遭受反复踩踏后，不仅上面生长的植物会失去生命，泥土也会裸露、板结，而后保水性和透气性降低，慢慢地便不再适宜植物生长，久而久之，绿意盎然的野草地可能会变成灰黄的、光秃秃的地面。若是游人过多，反复踩踏同一片植被，造成的破坏也就更严重。

小知识

在森林、田野或是山中行走时，我们要尽量从原有的路径通过，减少对周边植被的破坏。若是遇上无路的野地，队伍要分散行走，避免反复踩踏同一区域。

tiān shàng bái yún piāo

天上白云飘

tú bù shí kě bú yào zhǐ gù zhe jiǎo xià， tái tóu kàn kan tiān kōng zhōng de yún ba！ yún zhǔ yào shì yóu shuǐ qì níng jié suǒ xíng chéng。

徒步时可不要只顾着脚下，抬头看看天空中的云吧！云主要是由水汽凝结所形成。

gēn jù yún zài tiān kōng zhōng de wèi zhì hé xíng zhuàng， kē xué jiā men bǎ yún fēn chéng le xǔ duō zhǒng lèi。 lì rú， tuán zhuàng de jī yún、 piàn zhuàng de céng yún hé xiān wéi zhuàng de juǎn yún děng。 yǒu jīng yàn de rén gēn jù yún de xíng tài jiù néng pàn duàn shì fǒu huì xià yǔ， bǐ rú “yú lín tiān， bù yǔ yě fēng diān”， yì si shì tiān kōng zhōng rú guǒ chū xiàn xiàng yú lín yí yàng de juǎn jī yún， jiù kě néng huì xià yǔ huò zhě guā fēng。

根据云在天空中的位置和形状，科学家们把云分成了许多种类。例如，团状的积云、片状的层云和纤维状的卷云等。有经验的人根据云的形态就能判断是否会下雨，比如“鱼鳞天，不雨也风颠”，意思是天空中如果出现像鱼鳞一样的卷积云，就可能会下雨或者刮风。

▲积云

▲层云

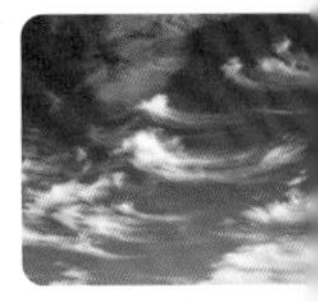

▲卷云

小知识

云里含有大量的小水珠，它们互相碰撞，并不断地合并成大水珠，当水珠大到空气托不住的时候，就从云中落下来，形成了雨。雨落入地面继而蒸发上升形成水蒸气，便又形成了云。如此循环。

yuè liang bàn wǒ xíng

月亮伴我行

yuè liang shì dì qiú de yì kē tiān rán wèi xīng, rào zhe dì qiú gōng zhuàn de tóng shí yě zì zhuàn. yóu yú yuè liang de zì zhuàn hé gōng zhuàn zhōu qī xiāng tóng, suǒ yǐ zài dì qiú shàng de wǒ men zǒng shì kàn bú dào tā de bèi miàn. yuè yè shí, wǒ men xíng zǒu zài hù wài huì gǎn jué yuè liang gēn zhe wǒ men zǒu, zhè qí shí shì yì zhǒng wù lǐ cuò jué. yīn wèi yuè liang yòu yuǎn yòu dà, xiāng bǐ zhī xià wǒ men yí dòng de jù lí kě yǐ hū lüè bú jì, dāng wǒ men duō cì tái tóu kàn yuè liang shí, guān kàn de jiǎo dù jī hū méi yǒu fā shēng biàn huà, suǒ yǐ huì gǎn jué yuè liang hé zì jǐ tóng xíng.

月亮是地球的一颗天然卫星，绕着地球公转的同时也自转。由于月亮的自转和公转周期相同，所以在地球上的我们总是看不到它的背面。月夜时，我们行走在户外会感觉月亮跟着我们走，这其实是一种物理错觉。因为月亮又远又大，相比之下我们移动的距离可以忽略不计，当我们多次抬头看月亮时，观看的角度几乎没有发生变化，所以会感觉月亮和自己同行。

小知识

月亮不直接发光，而是反射太阳光，随着太阳、地球、月亮三者轨道位置的变化，我们眼中的月亮就呈现出阴晴圆缺的变化。

▲月相及其变化图

yǎng wàng xīng kōng

仰望星空

行走在晴朗的夜空下，无比惬意。广袤的夜空中除了有月亮，还有“一闪一闪亮晶晶”的星星。星星实际上有可能是比太阳还要大的星球。星星在我们眼中之所以那么小，是因为它们与我们之间的距离实在太远了，哪怕是让跑得最快的东西——光去“造访”那些星星，也要跑上几千万年。而对于“外星居民”来说，没准儿地球也只是一颗小星星！

小知识

多颗星星组合在一起构成特定的形象，被人们命名为星座。幸运的话，我们还能看到许多星星聚集在一起构成一条明亮的光带，那就是银河。

▲银河

扫一扫 听一听

dà shān wǒ men lái le

大山，我们来了

dēng shān shì yì zhǒng hěn shòu huān yíng de hù wài huó
登山是一种很受欢迎的户外活
dòng zài dēng shān guò chéng zhōng wǒ men néng gòu duàn liàn shēn
动。在登山过程中我们能够锻炼身
tǐ hū xī xīn xiān kōng qì cǐ wài shān zhōng hái yǒu
体，呼吸新鲜空气。此外，山中还有
duō zhǒng duō yàng de huā cǎo shù mù wān yán qīng chè de xiǎo
多种多样的花草树木、蜿蜒清澈的小
xī mào mì shēn suì de shù lín hé jùn měi wú bǐ de fēng shí
溪、茂密深邃的树林和峻美无比的峰石
gōng wǒ men xīn shǎng bù jǐn rú cǐ dēng shān yě néng ràng
供我们欣赏。不仅如此，登山也能让
wǒ men bú duàn shí xiàn zì wǒ tiǎo zhàn hé zì wǒ chāo yuè péi
我们不断实现自我挑战和自我超越，培
yǎng jiān yì yǒng gǎn de pǐn gé huò dé zhēng fú gāo fēng de
养坚毅勇敢的品格，获得征服高峰的
xǐ yuè
喜悦。

地球的“皱纹”

如果把大地看作是地球的“脸”，那么山与谷就是地球的“皱纹”。事实上，许多山是地球板块相互碰撞、挤压形成的褶皱。山与山一起组成大的山脉地势；山顶融雪流作小溪，沿山而下汇聚成河，从大地上奔腾而过……由此形成多样的地形地貌。从上到下，高山因海拔和结构的差异能够形成许多不同的景观，这些都是我们探险的好去处。

▼珠穆朗玛峰

小知识

世界上最高的山峰是位于我国青藏高原喜马拉雅山脉上的珠穆朗玛峰，海拔高度约为 8 848 米。它是许多登山爱好者心中的最高目标。

迈出正确的步伐

登山时，正确的步伐能够保护我们身体的肌肉和关节不受伤，还可以节约力气，并且有效降低危险发生的可能性。上山时我们可以将身体前倾，带动身体重心前移，便于省力攀登。步子宜小不宜大，膝盖可以稍微抬高些。下山时身体可以略微后倾，稳定重心，步子稍大，膝盖略曲，脚后跟先落地以保持平稳。如果山坡较陡，可以尝试走“Z”字形路线，迂回前进。

▼盘山公路

小知识

盘山公路利用了斜面原理，和我们走“Z”字形路线一样，将原本陡峭的坡度分解成多个缓和的小坡，省力的同时降低危险性。

小心，踩稳

登山途中一定要留神脚下。行进时应选择平坦的落脚处，便于脚掌均匀用力。登台阶时，保持髋、膝、踝关节在同一平面，整个脚掌着地。经过乱石、浮石地段时，应踩在坚实的石缝或是突出部位，必要时攀拉结实、牢固的树木协助前进。山中常有风化的岩石、腐烂的木头，或是积水泥坑等，可在身体重心移动之前用脚试着探踩，确定落脚点是否可靠。

小知识

爬山时要注意尽量匀速前进，休息时以不要让身体冷下来为原则。另外，短暂休息时面朝来处，有助于我们记忆路线。

pù bù yě yǒu wēi xiǎn
瀑布也有危险

wǒ men zài tú jīng yì xiē shān jiān de xiǎo xī biān shí zǒng
我们在途经一些山间的小溪边时，总
néng kàn jiàn shuǐ liú cóng mǒu kuài gāo de yán shí shàng chuí zhí luò xià
能看见水流从某块高的岩石上垂直落下，
suí hòu yòu yán zhe hé dào liú dòng zhè jiù shì yí gè gè mí nǐ
随后又沿着河道流动，这就是一个个迷你
pù bù dāng tuān jí de dà hé cóng gāo gāo de shān yá shàng
“瀑布”。当湍急的大河从高高的山崖上
luò xià shí jiù xíng chéng le bēn téng zhuàng kuò de dà pù bù zhù
落下时，就形成了奔腾壮阔的大瀑布。注
yì pù bù fù jìn tōng cháng shuǐ liú tuān jí bìng qiě yóu yú cháng
意，瀑布附近通常水流湍急，并且由于长
qī de shuǐ liú chōng shuā pù kǒu fù jìn de yán shí yě biàn de shí fēn
期的水流冲刷，瀑口附近的岩石也变得十分
guāng huá cǎi shàng qù shí fēn wēi xiǎn suǒ yǐ guān shǎng shí yí dìng
光滑，踩上去十分危险。所以观赏时一定
yào hé pù bù bǎo chí ān quán jù lí
要和瀑布保持安全距离！

小知识

当流动的河水遇到高低不平的地面时，就在落差处形成瀑布。黄河上的壶口瀑布、贵州的黄果树瀑布、湖北的三峡大瀑布以及江西的庐山瀑布等都是以美丽壮观而闻名的瀑布。

▲黄果树瀑布

▲三峡大瀑布

▲庐山瀑布

登山急救技能

若是在登山过程中不小心受伤，我们要冷静处理：擦伤、破皮等需先用干净水冲洗，再用碘伏消毒，可用棉签或是纱布按压止血，再以创可贴或医用敷料包扎。若是扭伤手脚腕等，要立刻停止行进，用绷带对扭伤部位进行局部固定，用冰毛巾等进行冷敷。若是被不明蛇虫咬伤，要立刻清理伤口并挤出脓液，消毒处理，并且尽快下山就医。

小知识

120是全国统一的医疗急救电话，24小时有专人接听，可及时派出救护车和急救人员。如果遇到无法自行解决的情况，不要犹豫，立刻寻求专业的医疗机构或人员帮助！

动物的“秘密”

在登山过程中，我们可以通过动物在进行移动、捕食、休憩、繁殖等生命活动时留下的痕迹，一窥它们的生活。地上被咬过的松果或榛子暗示着这里曾有食客到访，我们甚至从咬痕就能推断出食客是谁。例如，山雀等鸟类在食用坚果时会用尖硬的喙把它凿开，因此果壳上会有一个小洞；而松鼠、河狸等啮齿动物则是用牙齿啃咬食物，并在四周留下碎屑。

▲鸟用喙进食

▲河狸用牙齿吃鱼

小知识

鸟类头上尖尖的嘴叫作喙，能够取食和梳理羽毛。根据食性和生活方式的不同，不同鸟类的喙的形状有很大差异。

shù mù de xìn hào
树木的“信号”

rú guǒ wǒ men zǐ xì guān chá, jiù néng fā xiàn shù mù fā chū de "xìn hào". zhēn zhuàng huò shì lín zhuàng de yè piàn gào su wǒ men, zhè lǐ de qì hòu hán lěng gān zào; kuān dà de shù yè zé gào su wǒ men, zhè lǐ de huán jìng wēn nuǎn cháo shī; bù jūn héng de yáng guāng shǐ de shù mù shēng zhǎng bù jūn, shòu dào tài yáng guāng zhào shí jiān gèng cháng de yí cè zhī yè gèng mào shèng. cǐ wài, zhí wù zhǒng lèi hái néng fǎn yìng tǔ rǎng xìng zhì, rú dù juān、chá shù shēng zhǎng liáng hǎo de dì fang, tǔ rǎng chéng suān xìng; ér huái shù hé liǔ shù tōng cháng shēng zhǎng zài jiǎn xìng tǔ rǎng zhōng.

如果我们仔细观察，就能发现树木发出的“信号”。针状或是鳞状的叶片告诉我们，这里的气候寒冷干燥；宽大的树叶则告诉我们，这里的环境温暖潮湿；不均衡的阳光使得树木生长不均，受到太阳光照时间更长的一侧枝叶更茂盛。此外，植物种类还能反映土壤性质，如杜鹃、茶树生长良好的地方，土壤呈酸性；而槐树和柳树通常生长在碱性土壤中。

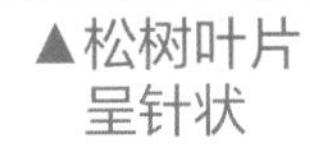

▲松树叶片呈针状

▲柏树叶片呈鳞状

小知识

树和我们一样，能够感知季节的变化。有的树在秋季开始落叶，到了冬天就只剩下光秃秃的树干；有的树则是四季常青；还有的树在秋天会穿上一身“红叶装”，好看极了！

niǎo ér de yǎn chàng huì
鸟儿的“演唱会”

zài dēng shān guò chéng zhōng shù shàng zǒng yǒu niǎo ér wèi wǒ men
在登山过程中，树上总有鸟儿为我们
chàng gē bàn zòu bù tóng de niǎo ér yǒu bù tóng de gē shēng lì
唱歌伴奏。不同的鸟儿有不同的歌声。例
rú chūn gēng shí jié cuī cù nóng mín bó bo láo dòng de bù gǔ niǎo
如，春耕时节催促农民伯伯劳动的布谷鸟，
tā de xué míng jiào zuò dà dù juān yīn wèi jiào shēng tīng qǐ lái xiàng
它的学名叫作大杜鹃，因为叫声听起来像
bù gǔ bù gǔ ér dé míng māo tóu yīng huì zài qī hēi de yè
“布谷，布谷”而得名。猫头鹰会在漆黑的夜
lǐ fā chū gū gū de shēng yīn lìng rén gǎn dào
里发出“咕——咕——”的声音，令人感到
hài pà niǎo míng yě yǒu bù tóng de gōng néng
害怕。鸟鸣也有不同的功能，
píng shí yòng lái hū péng yǐn bàn fàng shēng chàng
平时用来呼朋引伴、放声畅
liáo dào le fán zhí qī yōu yáng gāo kàng
聊；到了繁殖期，悠扬高亢
de gē shēng zé yòng lái xī yǐn bàn lǚ
的歌声则用来吸引伴侣。

▲引吭高歌的鸟儿

小知识

鸟类特有的发音器官叫作鸣管，鸣管位于气管与支气管交界处，由若干个扩大的软骨环及其间的薄膜组成，薄膜叫作鸣膜。

扫一扫 听一听

guān hǎi zhī lǚ
观海之旅

hǎi yáng shì dì qiú shàng zuì shén mì zuì guǎng kuò de
海洋是地球上最神秘、最广阔的

lǐng yù zhī yī yǒu zhe fēng fù de shēng tài xì tǒng hé zī
领域之一，有着丰富的生态系统和资

yuán shǔ bù qīng de fēng yǔ léi diàn yǐ jí tài yáng
源。数不清的风雨、雷电，以及太阳、

yuè liang xīng chén de zuò yòng shǐ hǎi yáng chōng mǎn le wú
月亮、星辰的作用，使海洋充满了无

xiàn de biàn huàn hé mèi lì zhàn zài hǎi àn biān tīng zhe bō
限的变幻和魅力。站在海岸边，听着波

tāo shēng kàn zhe hǎi làng pāi dǎ jiāo shí chuī zhe hū xiào ér
涛声，看着海浪拍打礁石，吹着呼啸而

guò de hǎi fēng fǎng fú néng gòu gǎn shòu dào dà zì rán de lì
过的海风，仿佛能够感受到大自然的力

liàng hé qì xī ná hǎo zhuāng bèi bēi qǐ xíng náng ràng
量和气息。拿好装备，背起行囊，让

wǒ men yì qǐ bèn xiàng dà hǎi ba
我们一起奔向大海吧！

蓝色的“水星球”

从太空中俯瞰，地球是一个蓝色的“水星球”。海洋是地球上连续的整片水域，被大陆分隔却又彼此相通。海洋总面积约为3.6亿平方千米，约占整个地球表面积的71%。海水本是透明无色的，但看上去是蓝色的，那是因为太阳光里汇聚着彩虹般的多种颜色，当红色、黄色等颜色的光被海水吸收后，便只剩下蓝色光被反射了出来。

小知识

陆地上的岩石风化后释放出其中的矿物盐，盐分渗透进溪流河水中后，又被带入大海，使海水变咸。

▲沙滩上的矿物盐

大海的“表演”

我们有时会看到大海“表演”，由于月球和太阳的引力，海面会出现周期性升降现象，这就是潮汐。从最低潮开始，海面升高，海水涌上岸，这叫作涨潮；最高潮之后，海面逐渐下降，海水从海岸退回，这叫作退潮。海风带动海水表面形成波浪，波浪又能吸收更多来自风的能量，愈演愈烈，在海中奏起“交响乐”。海浪不断涌动，有时可以绵延数百千米。

小知识

根据阴历月相，人们能够提前预测潮汐变化，制作出潮汐表以供海上活动参考。千万要记住，退潮时不能游泳，涨潮时要快速离开海滩！

yóu yǒng bù gǎn mǎ hu

游泳不敢马虎

qù hǎi biān yóu yǒng qián　yào xiān jiǎn chá zì jǐ de shēn tǐ
去海边游泳前，要先检查自己的身体，
wèi le bì miǎn hǎi shuǐ zhōng de xì jūn děng wēi shēng wù tōng guò shāng kǒu
为了避免海水中的细菌等微生物通过伤口
gǎn rǎn　shēn shàng yǒu shāng kǒu shí bú yào xià shuǐ　xià shuǐ qián yào
感染，身上有伤口时不要下水。下水前要
chuān hǎo yǒng yī　zài àn shàng zuò hǎo chōng fèn de rè shēn yùn dòng
穿好泳衣，在岸上做好充分的热身运动
tí qián lín yù　shǐ shēn tǐ shì yìng wēn dù hòu huǎn màn rù shuǐ　yóu
提前淋浴，使身体适应温度后缓慢入水。游
yǒng shí　zhǐ zài jìn hǎi qū huó dòng　bú yào qù yuǎn lí rén qún de
泳时，只在近海区活动，不要去远离人群的
hǎi yù　jí shǐ huì yóu yǒng　yě yào chuān dài jiù shēng shè bèi
海域；即使会游泳，也要穿戴救生设备，
bìng qiě quán chéng yóu zhì shǎo yí wèi chéng rén péi tóng　yù shàng dà fēng
并且全程由至少一位成人陪同。遇上大风
dà làng shí　bú yào xià shuǐ yóu yǒng
大浪时，不要下水游泳。

小知识

游泳时，我们需要不停地浮出水面换气，可是鱼儿就不需要这样——它们的鳃可以吸取水中溶解的氧气，因此不用露出水面就可以呼吸。

保暖很重要

海边容易起风且海水温度低，做好保暖是我们观海之旅的重要事项。前往海滩之前要准备好外套，必要时带上帽子、浴巾等。考虑到有可能不小心弄湿衣物，最好带上一套备用衣物。出发前查询天气，避免在风雨天前往海滩。春冬季节的海水温度较低，尽量不要下水，避免着凉。即使在炎热的夏季，出水后也要迅速披上浴巾，擦干身上的水分，避免着凉。

小知识

为什么从水里出来后吹到风会感觉很冷呢？这是因为风一吹会加快水的蒸发，而水分蒸发时会带走身体的热量。

yì qǐ gǎn hǎi ba
一起赶海吧

hǎi biān chú le kě yǐ kàn fēng jǐng yóu yǒng hái yǒu yí xiàng bù
海边除了可以看风景、游泳，还有一项不

jǐn yǒu qù ér qiě shōu huò pō duō de huó dòng nà jiù shì gǎn hǎi cháo
仅有趣而且收获颇多的活动，那就是赶海。潮

shuǐ kuài sù tuì qù hòu huì zài shā tān shàng de xiǎo kēng zhōng liú xià jī
水快速退去后，会在沙滩上的小坑中留下积

shuǐ ér lái bu jí suí zhe cháo shuǐ chè tuì de hǎi yáng shēng wù jiù huì
水，而来不及随着潮水撤退的海洋生物就会

bèi liú xià lái dài shàng chǎn zi hé xiǎo tǒng jiāng zhè xiē hǎi yáng shēng
被留下来。带上铲子和小桶，将这些海洋生

wù cǎi jí zài tǒng lǐ jiù shì gǎn hǎi zài shā tān shàng nǐ kě néng
物采集在桶里，就是赶海。在沙滩上，你可能

huì yù dào xiàng wǔ jiǎo xīng yí yàng de hǎi xīng zhāng ké hū xī de gé
会遇到像五角星一样的海星，张壳呼吸的蛤

lì yǐ jí cáng zài dà
蜊，以及藏在大

bèi ké lǐ de zhāng yú děng
贝壳里的章鱼等

shēng wù
生物。

▲海星

▲蛤蜊

▲章鱼

小知识

无论是什么海洋生物，在不熟悉的情况下都不要直接用手触碰，更不能随意食用。另外，赶海时一定要穿好鞋子保护好小脚丫哟！

用沙子堆城堡

你想拥有属于自己的城堡吗？那就在沙滩找一块干湿适中的沙地，开始施工吧！首先，画一个圆圈，这是城堡的“地皮”。在地皮上倒上一些海水，用手或脚压实，这是城堡的“地基”。随后，用小铲子挖一些“建筑材料”——沙子，在地基上堆积成大致的形状。接下来就根据脑海中的城堡模型，设计一座属于自己的城堡吧！

小知识

在沙滩上堆城堡是沙雕艺术的一种形式。好的沙堡需要沙中带一些泥，以便形状各异的沙粒牢固地粘在一起。

ài yǎn de hǎi yáng lā jī
碍眼的海洋垃圾

yǒu shí hou wǒ men xìng zhì bó bó de qián wǎng hǎi biān què
有时候我们兴致勃勃地前往海边，却
bèi shā tān shàng hé hǎi shuǐ zhōng ài yǎn de lā jī pò huài le xīn qíng
被沙滩上和海水中碍眼的垃圾破坏了心情。
gè sè de sù liào dài yǐn liào píng làn shéng suǒ děng lā jī sàn
各色的塑料袋、饮料瓶、烂绳索等垃圾散
luò zài hǎi tān shàng pò huài huán jìng de tóng shí duì fù jìn shēng
落在海滩上，破坏环境的同时，对附近生
wù yě zào chéng le shāng hài wèi le hǎi tān de měi lì hé jiàn kāng
物也造成了伤害。为了海滩的美丽和健康，
shǒu xiān wǒ men yào cóng yuán tóu zuò qǐ bú luàn diū lā jī hái kě
首先我们要从源头做起，不乱丢垃圾，还可
yǐ zài fù mǔ de péi bàn xià dài hǎo shǒu tào shí jiǎn lā jī
以在父母的陪伴下，戴好手套，拾捡垃圾，
wèi xiū fù hǎi yáng huán jìng gòng xiàn zì jǐ de yí fèn lì liàng
为修复海洋环境贡献自己的一份力量。

小知识

大自然需要成千上亿年才能分解掉塑料，所以每一个被废弃的塑料袋都会成为地球身上长久的“伤疤”。保护地球，从减少使用塑料产品做起。

危险的海玻璃

在海滩上，除了成片的沙砾和可爱的生物，有时候还会出现形状各异的蓝绿色“宝石”。但这些并不是真正的宝石，而是人们丢进大海的破碎玻璃和啤酒瓶等废弃物，经过海水长时间的冲刷，就变成没有棱角的海玻璃。有些隐藏在沙滩上的海玻璃尚未被海水冲刷平整，其尖锐的边缘极易造成危险。如果在海滩上见到玻璃碎片，一定要远离，并请家长帮忙处理。

▲海玻璃

小知识

玻璃属于可回收垃圾，回收后清洗回炉，可以再次制成玻璃。在丢破碎的玻璃垃圾时，最好用胶带将其包裹住，避免环卫工人触碰时受伤。

扫一扫 听一听

diào yú

钓鱼

diào yú bù jǐn shì yì zhǒng xiū xián huó dòng gèng shì
钓鱼不仅是一种休闲活动，更是
yì zhǒng yǒu yì shēn xīn de yùn dòng wài chū diào yú néng xīn
一种有益身心的运动。外出钓鱼能欣
shǎng dào měi lì de fēng jǐng duì shì lì yǒu yí dìng de bǎo hù
赏到美丽的风景，对视力有一定的保护
zuò yòng diào yú shí xū yào cháng shí jiān de děng dài yú ér
作用。钓鱼时，需要长时间地等待鱼儿
shàng gōu kě yǐ duàn liàn wǒ men de nài xīn hé yì lì tóng
上钩，可以锻炼我们的耐心和毅力；同
shí hái xū yào zhuān zhù de guān chá yú piāo bìng jí shí tí gān
时还需要专注地观察鱼漂并及时提竿，
kě yǐ tí gāo wǒ men de fǎn yìng néng lì yú ér shàng gōu
可以提高我们的反应能力；鱼儿上钩
zé ràng wǒ men tǐ huì dào shōu huò de kuài lè hái děng shén me
则让我们体会到收获的快乐。还等什么
ne yì qǐ qù diào yú ba
呢？一起去钓鱼吧！

鱼住在哪儿

鱼是变温动物，有逐温、逐氧和逐食的特点，根据这些特点我们就可以猜测鱼窝的位置。冬季阳光照耀和夏季树荫投影的地方温度适宜，是鱼儿们的最佳选择之一；入水口、下风口、活水处溶氧量高，也深得鱼儿们的青睐；近岸浅滩、河流洄湾等食物充足的地方也会吸引鱼儿长时间停留；较深的水层、有水草石堆等杂物遮掩的地方比较安全，成为鱼窝的可能性也比较大。

小知识

一般来讲，鱼在清晨和傍晚最活跃。因为清晨和傍晚温度适宜，水中溶氧量最高，鱼也经过了一晚的休息或是一天的游动需要觅食。

准备鱼饵

不同种类的鱼喜欢的饵料也不一样。饵料通常用粮食粉作为主要原料，加入糖、动物内脏粉末等不同的辅料制作。为了更加吸引鱼儿的注意，可以用活动的饵料，比如蚯蚓。有时，不需要饵料也能诱鱼上钩。如绒毛鱼饵就是模拟水生昆虫的形态，用鸟类或是动物绒毛制作的假饵；还可以利用鱼儿喜欢追逐小鱼的天性，用小鱼形状的假饵来吸引鱼儿咬钩。

小知识

我们的眼球前方有上、下两部分皮肤组织，称为眼睑，用来保护眼球。鱼儿没有眼睑，是无法闭上眼睛的。

▲鱼的眼睛

▼人的眼睛

带上鱼竿

基本的鱼竿由竿、线、浮漂、坠物以及鱼钩五个部分组成。鱼竿需要用结实且能够弯曲的材料，如竹子、碳纤维等制作。鱼线是一根结实的细绳，要能够承受一定的拉力，否则鱼儿还没有上钩，线就被拽断了。浮漂可以漂在水上，指示位置和上钩情况。坠物可以保证鱼钩沉入水中。鱼钩有尖头，在鱼儿吃饵的时候扎入鱼嘴，这样就可以把鱼儿钓上来了。

◀鱼钩

小知识

鱼竿的软硬程度叫作调性，一般分三种：软调、中调、硬调。软调竿弹性好，但不利于控鱼；中调竿弹性适中；硬调竿强度大，但比较易断。

提竿技巧

提竿的最好时机是鱼儿吃掉鱼饵还未吐钩，将要游走的一刹那。我们难以看清水下的情况，鱼漂就是我们的“信号仪”。当鱼漂上下抖动或是左右漂动，同时我们的手感觉到鱼竿突然下沉时，迅速提竿！提竿前先抖一下鱼竿，利用手腕力让鱼钩扎进鱼嘴，然后再扬起鱼竿。若是遇到鱼儿较大或是挣扎激烈的情况，可以顺势“遛鱼”，待其筋疲力竭后再钓起。

小知识

在鱼竿下水前，我们需要稍稍将竿向后扬，再借用惯性将其抛入水中。为了安全，在抛竿前需要观察周围，避免误伤自己或他人。

qiè jì bú yào xià shuǐ

切记，不要下水

diào yú yí dìng yào yǒu dà ren péi tóng bìng qiě zuì hǎo tí qián
钓鱼一定要有大人陪同，并且最好提前
chuān hǎo jiù shēng yī zài kào jìn shuǐ biān yīn wèi chuí diào huán jìng fù
穿好救生衣再靠近水边。因为垂钓环境复
zá bù míng kàn sì ān quán de shuǐ zhōng kě néng àn cáng wēi xiǎn
杂不明，看似安全的水中可能暗藏危险：
shuǐ dǐ de shēn kēng yǒu shǐ rén shī zú de fēng xiǎn qián cáng zài shuǐ lǐ
水底的深坑有使人失足的风险；潜藏在水里
de shuǐ cǎo shù gēn děng hái huì chán rào wǒ men de shēn tǐ shèn
的水草、树根等还会缠绕我们的身体，甚
zhì gē shāng wǒ men de pí fū cǐ wài zài yě wài hé liú huò shì
至割伤我们的皮肤。此外，在野外河流或是
shuǐ kù diào yú shí dà yú huì wèi le zhèng tuō yú gōu tuō zhe yú
水库钓鱼时，大鱼会为了挣脱鱼钩，拖着鱼
gān xiàng shuǐ shēn chù yóu dòng cǐ shí qiè jì bù néng xià shuǐ qù zhuī
竿向水深处游动，此时切记不能下水去追，
yǐ miǎn fā shēng yì wài
以免发生意外。

小知识

要选择安全的垂钓地点，避开陡峭、湿滑的地面。

bì kāi cǎo shēn zhī dì
避开草深之地

yě wài chuí diào de dì fang shuǐ yuán chōng zú，tōng cháng huì yǒu
野外垂钓的地方水源充足，通常会有
mào mì de cǎo cóng，bú yào jìn rù qí zhōng wán shuǎ，yě bú yào zài
茂密的草丛，不要进入其中玩耍，也不要在
cǎo cóng fù jìn dìng diǎn chuí diào。yì fāng miàn，cǎo shēn de dì fang huì
草丛附近定点垂钓。一方面，草深的地方会
yǒu yǐn cáng de shé chóng，yóu qí shì zài xià jì，rú guǒ yī zhuó qīng
有隐藏的蛇虫，尤其是在夏季，如果衣着轻
báo，yǒu kě néng bèi pí chóng、mǎ huáng děng yǎo shāng；lìng yì fāng
薄，有可能被蜱虫、蚂蟥等咬伤；另一方
miàn，cǎo de gēn bù yǒu kě néng xíng chéng ní nìng de zhǎo zé shuǐ wā，
面，草的根部有可能形成泥泞的沼泽水洼，
ruò shì bù xiǎo xīn cǎi xià qù，kě néng huì fā shēng wēi xiǎn。cǐ
若是不小心踩下去，可能会发生危险。此
wài，guàn mù cóng de jiān cì hé báo
外，灌木丛的尖刺和薄
ér jiān lì de cǎo yè yě yǒu kě néng
而尖利的草叶也有可能
huá shāng pí fū
划伤皮肤。

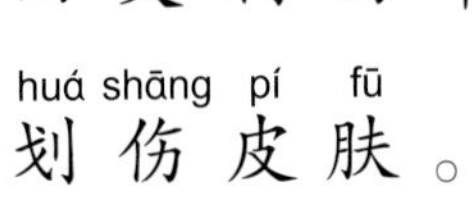

▲蜱虫

▲蚂蟥

小知识

被蛇咬后要记住蛇的特征并以最快速度就医；被蜱虫、蚂蝗等叮咬后不能用蛮力拔除，也需要尽快就医。

合理垂钓

在钓鱼时，我们要把保护生态环境放在首位。例如，不在保护区禁止垂钓的区域钓鱼；在垂钓过程中，尽量不随意踩踏、破坏河岸及湖泊边缘的植物；如果有捕到尚未长大的小鱼和怀孕的雌鱼，要及时将它们放生，让它们继续生长和繁殖。采取这些可持续且环保的垂钓方式，可以让我们在收获好心情的同时，减少对生态环境的破坏，一举两得！

小知识

为了确保水生生物的正常生长和繁殖，许多水域都有相关的规定，在某段时期内不允许渔猎垂钓。钓鱼前要记得查询相关的信息哦！

扫一扫 听一听

dòng xué tàn xiǎn

洞穴探险

dòng xué tàn xiǎn shì jìn rù dòng xué nèi bù jìn xíng tàn suǒ
洞穴探险是进入洞穴内部进行探索
de yí xiàng huó dòng wǒ guó shì shì jiè shàng dòng xué zī yuán
的一项活动。我国是世界上洞穴资源
zuì fēng fù de guó jiā zhī yī yě shì shì jiè shàng zuì zǎo kāi
最丰富的国家之一，也是世界上最早开
zhǎn dòng xué tàn cè de guó jiā zhī yī shén mì de dòng xué
展洞穴探测的国家之一。神秘的洞穴、
yōu yuǎn de huí shēng zhuàng lì de jǐng guān dòng xué tàn
悠远的回声、壮丽的景观……洞穴探
xiǎn huì jī fā rén men wú jìn de xiǎng xiàng lì hé tàn suǒ yù
险会激发人们无尽的想象力和探索欲。
xiǎo péng you men nǐ men shì bú shì yǐ jīng yuè yuè yù shì le
小朋友们，你们是不是已经跃跃欲试了
ne děng děng zài xíng dòng zhī qián wǒ men xiān lái liǎo jiě
呢？等等，在行动之前，我们先来了解
yí xià guān yú tàn dòng bì xū zhī dào de zhī shi ba
一下关于探洞必须知道的知识吧！

大地的“呼吸孔”

洞穴是指土中、岩上或小丘里的空心区域，位于地表之下，通常是一个拥有空间形态的整体。从外面看去，洞穴的洞口像是大地的“呼吸孔”。洞穴形成的原因有许多，可能是火山岩浆从岩石中流过，从而留下通道；也可能是海浪冲刷岩壁形成孔洞；大部分洞穴是由于沉积物在环境中发生化学反应，不断侵蚀大地而形成。

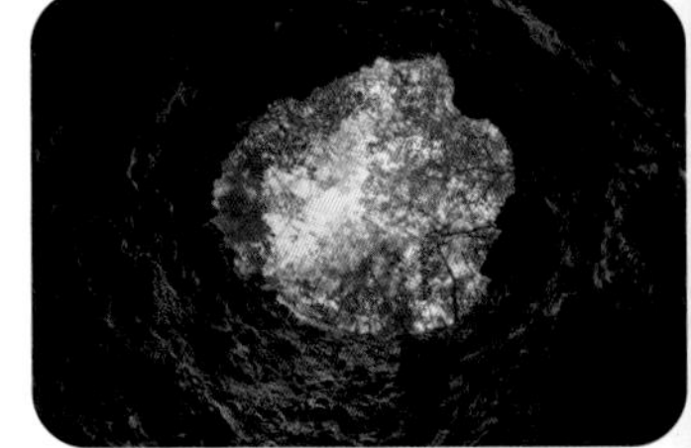

小知识

洞穴“生长”速度极其缓慢，有的甚至经历十几万年才长到只够一个成年人通过的大小。

漂亮的钟乳石

钟乳石是碳酸盐溶洞中不同形态的碳酸钙淀积物，通常从上向下生长；同样的物质从下向上生长则被称为“石笋”。若是钟乳石和石笋上下连通，就成了洞穴中顶天立地的“石柱”。钟乳石的生长极为缓慢，历经千万年才能形成壮丽的景观。根据钟乳石的生长痕迹，科学家们能对地质构造、气候变化以及动植物进化进行深入研究。

▲钟乳石

▲石笋

根据碳酸钙淀积物出现的位置和形状划分，洞穴里还有石旗、石幔、边石、晶花、石枝等景观。它们形态各异，组成了令人惊叹的洞穴景观。

洞穴安全吗

在进行洞穴探险前，了解洞穴的安全状况是非常必要的。在选择洞穴时，应该寻找来自可靠渠道的信息，比如当地探险者或旅游机构；出发前，注意当地的天气预报，避免在雨季或其他恶劣的天气条件下出发探险；有时候，突然的天气变化，如连日大雨等，会造成洞穴内部结构的改变，可能导致先前的判断失误，此时千万不要贸然进洞！

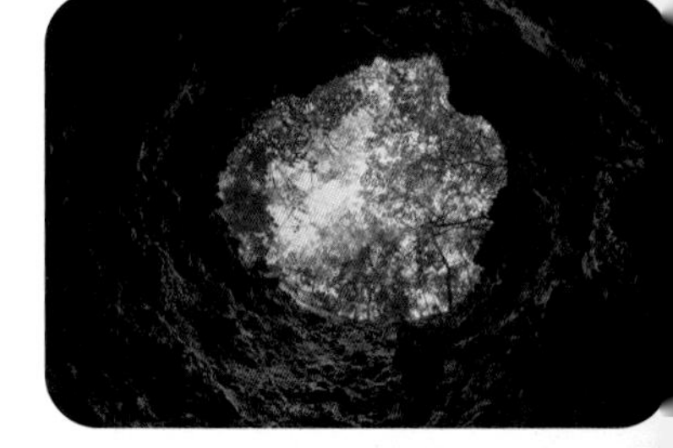

小知识

洞穴探险是一项危险的活动，千万不要独自一人出发。与小伙伴和成年人一同出行，遇到危险时可以互相帮助，提高安全性。

带好安全装备

天然形成的洞穴内部道路宽窄不一，蜿蜒曲折，有时甚至需要我们爬行通过。为了从容通过此类特殊路段，我们要提前穿戴好手套、护肘、护膝等装备，防止岩石摩擦皮肤，导致受伤。此外，安全帽必不可少。一来防止洞内掉落的石块砸伤头部，二来可以在钻行时保护头部免受撞击。安全帽上最好配备头戴式手电筒，在照明的同时解放我们的双手。

小知识

我们在经过狭窄的洞穴时，容易与岩石发生摩擦，普通的背包有可能出现磨损甚至破漏的情况。因此，要使用以专业耐磨材料制成的探洞背包，这种背包一般兼具防水功能，方便在狭窄的洞穴中拖拉移动。

设置显眼的路标

为了防止迷路并方便返程，我们探洞时需要沿途做记号，设置路标。路标要显眼，在岔路口、拐弯处等做标记，不仅要标明前进方向，还要依照数字大小将来时路线编号。为了防止绘制的标记与其他队伍的记号弄混，以及保护洞穴内的景观，我们可以提前准备好反光器或是荧光棒，以便在途中做标记，返程时还能够回收再利用。

洞穴由狭隘的通道和宽敞的“大厅”组成。“大厅”通常是几条通道相会之处。从通道进入“大厅”简单，从“大厅”找到正确的通道则不容易，所以更需要做好标记。

绘制简易地图

在洞穴探索中，我们需要根据自己走过的路线绘出一幅地图。掌握好方向、比例尺和图例，就能快速地画出一幅地图。地图的方向通常是上北下南，也可以以前进方向为上，方便识别位置。比例尺用来说明地图上的一段距离对应实际中的距离。图例能够简单明了地标注信息，比如用一个小圈来表示休息地，用三条波纹虚线表示曾经存在的地下河，等等。

一般来说，小朋友一步的长度是 40 厘米左右，根据身高有不同的变化，个子高的成人一步的长度可以达到 80 厘米。在出发前，我们可以测量好自己的步伐长度，这样就能轻松测算距离啦！

找到出口方向

在极端情况下，找不到洞穴的出口怎么办？首先，寻找光源。关掉所有的照明设备，看周围是否有光，有光的地方往往就是洞口的方向。其次，寻找风的方向。找一些重量很轻的东西，灰尘或是衣服上的绒毛，撒在空气里，看它们往哪个方向飘动，这代表着风的方向。若是洞内气压高，则顺着风就能找到出口；若是洞内气压低，则逆风的方向有洞口。

小知识

地下水的冲刷痕迹有时也能指示方向。由于水总是从高处流向低处，根据洞中岩壁上地下水冲刷痕迹的等高线，就能判断河水的流向，沿着水流，最终可以找到地下暗河的出口。

fā chū qiú jiù xìn hào
发出求救信号

guó jì tōng yòng qiú jiù xìn hào yuán zì mó sī mì
国际通用求救信号“SOS”源自摩斯密
mǎ zhè sān gè zì mǔ de dài mǎ jiǎn duǎn zhǔn què lián xù ér
码，这三个字母的代码简短、准确、连续而
yǒu jié zòu róng yì fā chū bìng bèi shí bié wǒ men kě yǐ yòng
有节奏，容易发出并被识别。我们可以用
shēng yīn huò shì shì jué xìn hào chuán dá de xìn xī bǐ
声音或是视觉信号传达“SOS”的信息，比
rú yòng qiāo jī shēng jiàn gé de cháng duǎn shào shēng de cháng duǎn huò
如用敲击声间隔的长短、哨声的长短或
shì shǒu diàn guāng shǎn dòng pín lǜ de biàn huà fā chū sān duǎn
是手电光闪动频率的变化，发出“三短、
sān cháng sān duǎn de xìn hào zài yě wài hái kě yǐ shǐ yòng
三长、三短”的信号。在野外，还可以使用
huǒ yàn huò shì sè cǎi xiān yàn de cái liào zǔ
火焰或是色彩鲜艳的材料组
chéng xíng zhuàng fāng biàn kōng zhōng
成“SOS”形状，方便空中
jiù yuán de gōng zuò rén yuán què dìng wèi zhì
救援的工作人员确定位置。

小知识

摩斯密码由短促的点信号、保持一定时间的长信号组成，将语言转化为电信号，传输后经过转译传达信息，在早期的无线电通信中起到了极大作用。

互动小课堂

小朋友们，读完了这本《户外探险小百科》，你是否想要来一场户外探险呢？这里有一份户外探险装备清单，出行前对照清单，检查一下自己的装备是否备齐了吧！

户外探险装备清单

- ☐ 背包
- ☐ 睡袋
- ☐ 地图
- ☐ 卫生纸
- ☐ 备用电池
- ☐ 太阳镜
- ☐ 毛巾
- ☐ 衣服
- ☐ 登山鞋
- ☐ 头灯
- ☐ 指南针
- ☐ 食品
- ☐ 帐篷
- ☐ 地垫
- ☐ 炊具
- ☐ 急救包
- ☐ 帽子
- ☐ 防晒霜
- ☐ 手套
- ☐ 厚袜子
- ☐ 雨具
- ☐ 多功能刀
- ☐ 手杖
- ☐ 饮用水